学校のまわりの植物ずかん ①

文・写真 **おくやま ひさし**

スギナ（ツクシ）

花の色でさがせる
春の草花

学校のまわりの植物ずかん ① ― **花の色でさがせる春の草花**

もくじ

この本のつかい方	3
花の色でさがそう	4
草花について知ろう	8

野原の草花　　10

かんさつしよう　球根でふえるスイセン	15
かんさつしよう　お株とめ株	17
かんさつしよう　春の七草	20
かんさつしよう　ナズナの昼と夜	22
かんさつしよう　セイヨウタンポポとカントウタンポポ	25
草花とあそぼう　花のめがねや首かざり	43

田んぼや水辺の草花　　44

かんさつしよう　カラスムギの種	55

雑木林や低い山の草花　　56

かんさつしよう　カタクリの球根	59
全巻さくいん	68

この本で紹介している草花

本書では、学校や家のまわり、水辺や雑木林、低い山などの自然の中に生えていて、おもに春に花がさく草花を集めています。庭や公園に植えられている草花や、畑で育てられる野菜などはとりあげていません。花が見られる時期や草たけなどは、育つ場所で少しちがうこともあり、関東地方を基準にして紹介しています。

この本のつかい方

- しらべやすいように、野原、田んぼや水辺、雑木林や低い山、の見つけやすい場所ごとに章をわけています。
- 4～7ページの「花の色でさがそう」では、しらべたい草花の名前がわからなくても、花の色から、解説しているページをさがすことができます。
- 8～9ページに「草花について知ろう」をもうけ、本文に出てくる専門的な用語などを説明しています。参考にしてください。

草花の名前と解説
名前は、すべてカタカナで表記しています。別名や地方名がある場合は、（ ）内や本文中で紹介しています。解説では、どんな草花のなかまなのか、どんな場所に生えているのか、花や葉、茎などにはどんな特ちょうがあるのか、わかりやすい文で説明しています。

草花データ
草花に関する基本的なデータを、マークであらわしています。

- …花期（花がさく時期）
- …分布（草花が見られる地域）
- …草たけ（草花の高さ）など

葉の形
葉の形をイラストで紹介し、平均的な大きさを数字でしめしました。草花をさがすときの参考にしてください。ただし、細長い葉や、写真で葉の形がはっきりわかるものは、とくにのせていません。

＊
専門的な用語には ＊ をつけました。8～9ページを見てください。

見つかる場所
紹介している草花が、どんな場所で見つかるのかをあらわしています。

野原…野原、庭、畑、空き地、道ばたなど
田んぼや水辺…田んぼのあぜ、川岸、池、湿地など
雑木林や低い山…山の斜面、林の中、竹やぶなど

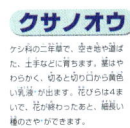

かんさつしよう
草花のおもしろい生態など、その草花の特ちょうを写真とともに解説しています。ほかに、草花あそびを紹介したコラムもあります。

クローズアップ
草花の特ちょうがよくわかるような花や葉、茎、種などのアップの写真をのせています。

かんさつするときのポイント
同じなかまの草花は、すがたがよくにています。どんなところを見るとよいのか、見わけるときのポイントなどを紹介しています。

本書で紹介している草花は、ほかの季節には見られないということではありません。紹介している季節や場所は、草花を見つけるためのめやすです。

花の色でさがそう

本書では、102種類の草花を紹介しています。それらの草花を、みなさんがさがしやすいように、色別にまとめました。
- 花の色は、5つのグループにわけてあります。さがしたい花の色に近いグループを見て、花の名前をさがしましょう。
- それぞれの写真の下には、解説しているページを記してあります。名前がわかったら、そのページを見てみましょう。
ここでは、よく見られる色を写真で紹介し、そのほかの花色は、たとえば、むらさき色は●、白は○という形でしめしています。

赤色やピンク、むらさき色の花

ホトケノザ
13ページ

ヒメオドリコソウ
19ページ

カキドオシ
19ページ

アメリカフウロ
35ページ

トキワハゼ
37ページ

ムラサキケマン
38ページ

キツネアザミ
45ページ

タチツボスミレ
40ページ

スミレ
41ページ

ノジスミレ
41ページ

カラスノエンドウ
42ページ

アカツメクサ
43ページ

ムラサキサギゴケ
48ページ

レンゲソウ（ゲンゲ）
49ページ

スイバ
50ページ

カキツバタ
52ページ

アヤメ
52ページ

チガヤ
55ページ

ノアザミ
57ページ

ショウジョウバカマ
59ページ
そのほかの花色○

カタクリ
59ページ

イカリソウ
61ページ

クマガイソウ
61ページ

キクザキイチゲ
63ページ
そのほかの花色○

キランソウ
65ページ

ウラシマソウ
66ページ

ミミガタテンナンショウ 67ページ

ユキモチソウ
67ページ

ムサシアブミ
67ページ

青色の花

オオイヌノフグリ
11ページ

タチイヌノフグリ
12ページ

キュウリグサ
38ページ

緑色や茶色の花

スズメノカタビラ
12ページ

スギナ（ツクシ）
16ページ
※ツクシは花ではない

ヨモギ
18ページ
※花期は9〜10月

チチコグサ
21ページ

チチコグサモドキ
21ページ

ウラジロチチコグサ
21ページ

ヤエムグラ
34ページ

ショウブ
53ページ

セキショウ
53ページ

スズメノテッポウ
54ページ

カズノコグサ
54ページ

ゴウソ
55ページ

カラスムギ
55ページ

シュンラン
60ページ

ホウチャクソウ
64ページ

カラスビシャク
66ページ

コウライテンナンショウ
67ページ

黄色や オレンジ色 の花

 スイセンの園芸種 15ページ
 ラッパズイセン 15ページ
 ラッパズイセン 15ページ
 フキのおばな 17ページ めばなは ○
 ノボロギク 18ページ
 ハハコグサ 20ページ

 クサノオウ 23ページ
 セイヨウタンポポ 24ページ
 カントウタンポポ 25ページ
 カンサイタンポポ 25ページ
 エゾタンポポ 25ページ
 ブタナ 26ページ
ハルノノゲシ 28ページ 

 オオジシバリ 36ページ
 オニノゲシ 29ページ
 コウゾリナ 32ページ
 オニタビラコ 33ページ
 コナスビ 34ページ
ジシバリ 36ページ 

 ヘビイチゴ 37ページ
 コオニタビラコ 46ページ
 オヘビイチゴ 48ページ
 タガラシ 51ページ
 ケキツネノボタン 51ページ

 キショウブ 52ページ
 フクジュソウ 57ページ
 ミヤマキケマン 62ページ
 ヤマブキソウ 64ページ
 キンラン 65ページ

白色の花

スイセン
14ページ

八重ざきのスイセン
15ページ

ナズナ
22ページ

マメグンバイナズナ
23ページ

シロバナタンポポ
25ページ

ハルジオン
27ページ
そのほかの花色 ●

ハコベ
30ページ

ウシハコベ
30ページ

ミミナグサ
31ページ

オランダミミナグサ
31ページ

ツメクサ
35ページ

オドリコソウ
39ページ
そのほかの花色 ●

ツボスミレ
41ページ

エイザンスミレ
41ページ

フモトスミレ
41ページ

スズメノエンドウ
42ページ

シロツメクサ
43ページ

ドクゼリ
45ページ

ノミノフスマ
46ページ

タネツケバナ
47ページ

クレソン(オランダガラシ)
47ページ

カワヂシャ
50ページ

イチリンソウ
58ページ

ジュウニヒトエ
58ページ

ニリンソウ
60ページ

ヒトリシズカ
60ページ

エビネ
61ページ

ヤマシャクヤク
62ページ

アズマイチゲ
63ページ

シャガ
63ページ

チゴユリ
64ページ

ギンラン
65ページ

オオマムシグサ
67ページ

草花について知ろう

知っておきたい草花の用語

本書では、できるだけ、みなさんにわかりやすいことばで解説しています。けれども、なかには専門的な用語がでてきます。ここでは、この本を読むときに知っておきたい用語をとりあげました。

花に関係のある用語

頭花
総ほうにささえられている小さな花の集まりで、タンポポのようなつくりの花のこと。

総ほう
頭花を下からささえている部分。総ほうの1つずつを総ほう片という（下の図参照）。

舌状花
細長くて、舌のような形をした花。タンポポの頭花は、舌状花が集まったもの（下の図参照）。

管状花（筒状花）
細長くて、管のような形をした花。キクイモの頭花は、まん中が管状花の集まりで、外側は舌状花の集まり（9ページの図参照）。

穂
たくさんの花や実が、茎の先に長くかたまってつくようす。立ちあがったり、たれさがったりする。

距
スミレの花に見られるように、後ろへつきでた、ふくろ状の部分。

▲横から見たスミレの花。

唇形
くちびるのような形。シソ科やゴマノハグサ科の花に見られる。

▲唇形の花。

葉に関係のある用語

単葉
茎から1まいだけのびる葉。

複葉
単葉に対して、1まいの葉が、数まいに枝わかれする葉。

小葉
複葉をつくる葉の1まい。たとえば、シロツメクサの葉は、3まいの小葉からできている。

羽状複葉
小さな葉がたくさんつく複葉で、羽のような形に見えるもの。

対生
葉が茎の左右に向かいあってつくこと（9ページの図参照）。

互生
葉がたがいちがいにつくこと（9ページの図参照）。

輪生
同じところから、茎をとりまくように葉がつくこと（9ページの図参照）。

茎や根、種に関係のある用語

株
1本の草が、たくさんの葉や茎をのばしたもの。

地下茎
土の中にのびる茎のこと。とちゅうにある節の部分から、新しい株が育つ。

花のつくり
- おしべ
- めしべ
- 花びら
- 子房（種になる部分）
- がく

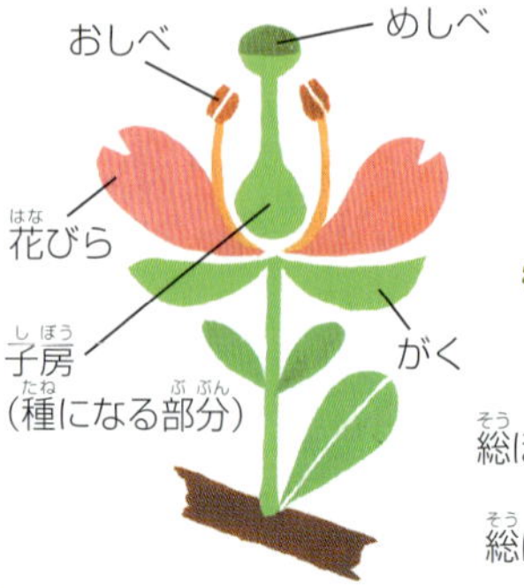

タンポポの頭花のつくり
- 総ほう
- 総ほう片
- 舌状花
- めしべ
- おしべ
- かん毛
- 子房

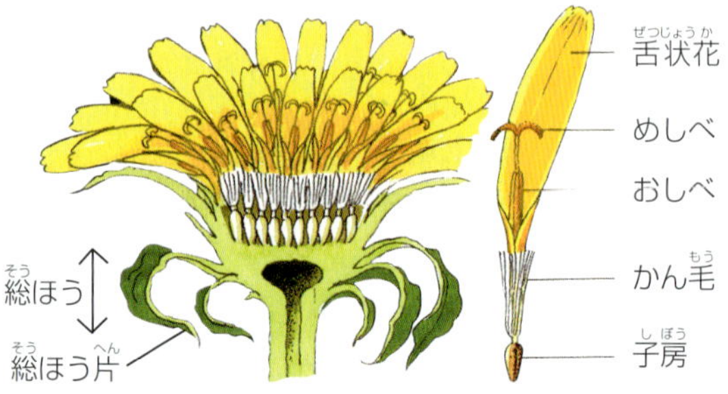

節
まっすぐな茎のとちゅうにできるもので、枝わかれしたり、葉を出す部分にできるふくらみ。

花茎
葉をつける茎とは別に、花をささえる茎。

胞子茎
シダ植物で、胞子（種のやくめをするもの）をつける茎のこと。ツクシはスギナの胞子茎で、春、胞子をとばすために土の中からのびてくる。

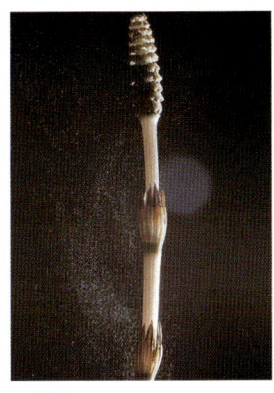
▲胞子をとばすツクシ。

つる
自分では立ちあがることができず、茎や茎に変化した葉が、地面に長くのびたり、ほかの草や木にからみつくもの。

乳液
茎や葉をきずつけると出てくるねばねばしたしる。

わた毛の種
タンポポやハルノノゲシの種のように、種の先に、風に運んでもらうための毛のあるもの。

▲風にとばされる、ハルノノゲシのわた毛の種。

種のさや
種をつつむ実のこと。われると、種が外へとびだす。

▲カラスノエンドウの種のさや。中には5〜10この種が入っている。

ムカゴ
カラスビシャクやヤマノイモなどの、葉のわきにできる小さなイモ。これは、茎が変化したもの。

キクイモの頭花のつくり
管状花　舌状花

葉のつき方
対生　互生　輪生

草花の生態や種類などに関係のある用語

科
花のつくりなど、特ちょうがにているなかまをひとつにまとめたもの。アブラナ科やキク科など、さまざまな科がある。

一年草
春に芽ばえて生長し、種をつくって冬までの間にかれてしまう草花のなかま。

二年草
秋に芽ばえて冬をこし、春から夏に種をつけたあとかれてしまう草花のなかま。

多年草
冬には葉や茎がかれてしまうが、根や地下茎で冬をこし、何年も生きつづける草花のなかま。

帰化植物
外国からやってきた草花や木で、今では野生化している植物。

シダ植物
ワラビやスギナなど、花をさかせず、胞子でふえる植物。

園芸種
花や実を利用したり、楽しんだりするために、庭や畑などで育てられる草花や木。人の手で改良されたものが多い。

群生
同じなかまの植物が、むれになって生えているようす。

ロゼット
葉をつけて冬ごしをする草が、地面にはりつくように葉を八方に広げるようす。たとえば、タンポポは、ロゼットで冬をこす。

野原の草花

タンポポ、ナズナ、スミレ、ハルジオン…。春の野原や空き地、土手では、たくさんの草花とであえます。さあ、春の野原にでかけてみましょう。

オオイヌノフグリ

ゴマノハグサ科の二年草で、ヨーロッパからやってきた帰化植物*です。草たけの低い草ですが、緑の葉をつけて冬ごしし、春には地面をはうように枝をのばして、1センチほどの青い花をつけます。

- 3〜5月ごろ
- 日本各地
- 5〜10cm

1〜2cm

野原

▶ あたたかい場所だと、2月ごろでも花をさかせる。

▶ 種のさや*には、細かい種がたくさん入っている。

▲ 群生*するオオイヌノフグリ。空の色のような青色の花は夜にはとじてしまう。

*のついていることばは、8〜9ページを見てみましょう。

タチイヌノフグリ

ゴマノハグサ科の二年草で、ヨーロッパからやってきた帰化植物*です。畑や家のまわりでよく見かけます。茎はまっすぐ立ちあがり、上の方の葉のわきに4ミリほどの小さい花をつけます。

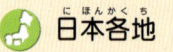4～6月ごろ
日本各地　10～25cm

1～1.5cm

▲タチイヌノフグリの花は、小さくてめだたない。

▲花は茎の先の方にさく。

▲花のあとに、5ミリほどの種のさや*ができる。

スズメノカタビラ

イネ科の二年草で、畑のわきや空き地などで見つかります。緑の葉をつけて冬ごしし、春早くに小さな花をつけます。その後、だんだん株が大きくなり、秋まで花が見られます。

3～11月ごろ
日本全土　10～25cm
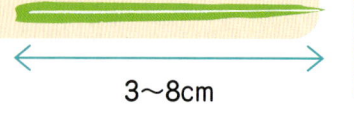
3～8cm

▼畑や道ばた、庭のすみなどに株になって育つスズメノカタビラ。

▲花はあわい緑色で、よく見ないとわからない。

野原

▲群生するホトケノザ

ホトケノザ

シソ科の二年草で、畑のわきや野原に群生*します。葉は茎をつつむようにつき、小さな花をつけながらのびます。葉が段々につくため、サンガイグサ（三階草）ともよばれます。春の七草でいうホトケノザは、コオニタビラコ（46ページ）のことです。

- 3〜6月ごろ
- 本州から沖縄まで
- 10〜30cm

2〜3cm

▲2センチほどのホトケノザの花。小さいが美しい。

*のついていることばは、8〜9ページを見てみましょう。

スイセン

ヒガンバナ科の多年草。あたたかい地方の海辺などに群生*しますが、花を楽しむために、花だんなどにも植えられます。スイセンは、ほとんど種をつくらない植物で、もっぱら球根でふえます。

- 12〜5月ごろ
- 本州から九州まで
- 20〜35cm

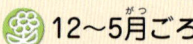
20〜35cm

▲花は3センチほどの大きさで、いいかおりがする。

▲伊豆の下田（静岡県）のスイセンの群生地。花の時期には、たくさんの見物の人でにぎわう。

いろいろなスイセン

スイセンの花には、いろいろな形があります。色も、白や黄色、中心部が赤いものなど、さまざまです。

野原

▲園芸種のひとつで、中心だけが赤いラッパズイセン。

▲花びらの数が多い八重ざきのスイセン。自然の中で見られる種類。

▲花だんのラッパズイセン。

▶花全体が黄色い園芸種。

かんさつしよう

球根でふえるスイセン

スイセンは、ほとんど種をつくらない植物で、球根が分球（新しい球根をつくること）してふえていきます。ただし分球しても、球根が大きくなるまでは、茎や葉はのびますが、花がつきません。分球してから3年くらいすると、球根が丸くなり、花をさかせます。

▲スイセンの球根。

＊のついていることばは、8〜9ページを見てみましょう。

▲ ツクシはスギナの胞子茎で、頭の部分から胞子をとばす。胞子は、種のやくめをする。

スギナ（ツクシ）

トクサ科のシダ植物で、川岸の土手などに群生*します。春のつみ草として人気のあるツクシは、スギナの胞子茎*で、スギナよりも先にのびてきます。根をほってみれば、ツクシとスギナは、同じ地下茎*でつながっているのがわかります。

- 3〜5月ごろ
- 日本全土
- 10〜20cm

▲ ツクシがかれると、今度はスギナがのびてくる。茎をとりまくようにならぶ緑色の部分が、スギナの葉だ。

▲ 地下茎でつながっているツクシとスギナ。

フキ

キク科の多年草です。地下に枝わかれする太くてじょうぶな根があり、花や葉をのばします。フキノトウはフキの花茎*で、葉よりも早くのびてきます。フキには、お株とめ株があります。

- 2〜5月ごろ
- 本州から九州まで
- 30〜50cm

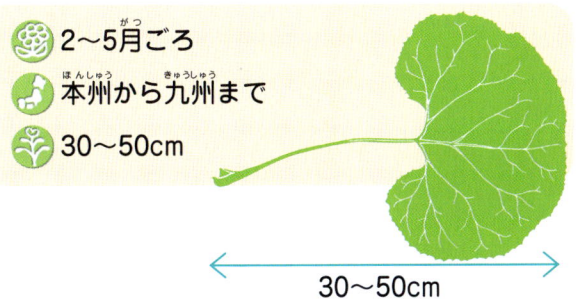

30〜50cm

▲土手などに春早く花をつけるフキ。

野原

かんさつしよう

お株とめ株

お株にはおばなが育ち、め株にはめばなが育ちます。やや黄色っぽい方がおばなで、やや白っぽい方がめばなです。めばなには、やがてわた毛の種ができます。

▲花がかれたあと、葉が大きくのびる。

▲め株のめばなには、たくさんのわた毛の種*ができる。

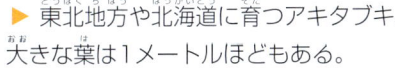

▶東北地方や北海道に育つアキタブキ。大きな葉は1メートルほどもある。

▲おばな（上の写真）とめばな（下の写真）。

*のついていることばは、8〜9ページを見てみましょう。

ヨモギ

キク科の多年草で、野原や土手、あぜ道のわきなどに群生＊します。春、八方にのびた地下茎＊から、たくさんの芽を出します。食べられる野草で、春の若葉を、もちや、だんごに入れて食べます。秋になると、茎が50〜100センチほどにのびて花がさきます。

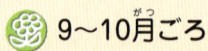
9〜10月ごろ
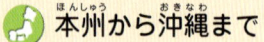
本州から沖縄まで
50〜100cm

若葉は5〜10cm

▲ヨモギの若葉。このくらいのころに葉をつんで、ヨモギもちやヨモギだんごをつくる。

▶むしあがったヨモギだんご。あんこやきな粉をつけて食べる。

ノボロギク

キク科の一〜二年草で、ヨーロッパ原産の帰化植物です。畑や道ばたなどで見つかります。花は春から夏にかけてさきますが、あたたかい場所だと、1年を通して花が見られます。茎は赤っぽくて、やわらかいです。

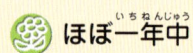
ほぼ一年中
日本各地
20〜30cm

3〜6cm

▲まるで、つぼみのように見える黄色の花は、管状花＊の集まり。

▶花が終わると、わた毛の種＊ができる。

ヒメオドリコソウ

シソ科の二年草で、ヨーロッパ原産の帰化植物*です。空き地や畑のわきなどに群生*し、都会にも多く見られます。びっしりと重なるようにしてつく葉は、上の方が赤っぽくなっています。花はピンク色で、葉の間からつきでるようにしてさきます。

- 4～5月ごろ
- 日本各地
- 10～25cm

3～6cm

▲ 群生するヒメオドリコソウ。小さい草だが美しい。

▶ 重なるようにつく葉の間から、ピンク色の花が顔を出す。

カキドオシ

シソ科の多年草で、野原や道ばた、林のへりなどに群生*します。つる性の草で、花のころには茎が立ちあがりますが、花が終わるとたおれ、つる状になって地面をはいます。茎は、ときには1メートルほどにものびます。

- 4～5月ごろ
- 北海道から九州まで
- 15～100cm

4～9cm

◀ かわいい花をつけるころの草たけは、15センチほど。

▲ 花が終わる夏ごろになると、茎がたおれて地面をはうようにのびる。

野原

*のついていることばは、8～9ページを見てみましょう。

ハハコグサ

▲ 茎のてっぺんに小さな頭花がかたまってつく。

◀ 黄色い頭花。

キク科の二年草で、畑や道ばたなどに育ちます。冬ごしするときの株は草たけも低く、葉に白い毛がびっしり生えていて白く見えます。春先に急にのびて、小さな黄色の頭花*をかためてつけます。春の七草のひとつで、ゴギョウともよばれています。

- 4〜6月ごろ
- 日本全土
- 10〜20cm

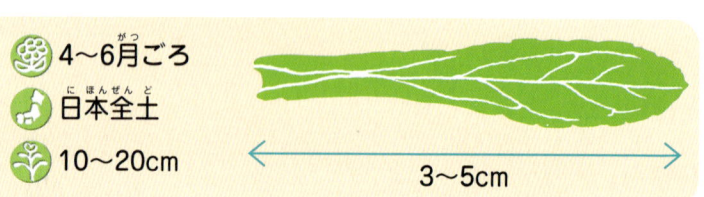

3〜5cm

◀ 花が終わると、細かいわた毛の種*ができる。

かんさつしよう

春の七草

お正月の七日の朝に草がゆをつくって食べる昔からの行事に、七草がゆがあります。このときに利用するのが、セリ、ナズナ、ゴギョウ（ハハコグサ）、ハコベラ（ハコベ）、ホトケノザ（コオニタビラコ）、スズナ（カブ）、スズシロ（ダイコン）の7種です。行事が近づくと、これらを植えこんだセットは花屋さんにもならびます。身近な場所で七草をさがしてみましょう。

▲ 花屋さんにならぶ春の七草のセット。

チチコグサ

キク科の多年草。土手や明るい林などのかわいた場所で見つかります。ハハコグサよりずっと小さく、花も白っぽくて、あまりめだちません。チチコグサも、わた毛の種*をつくります。

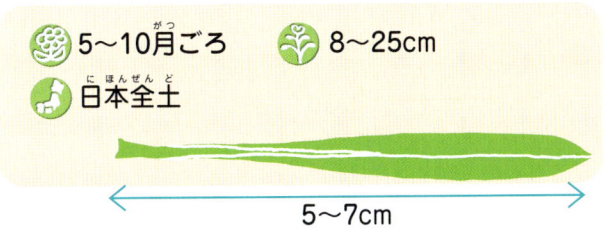
- 5〜10月ごろ
- 8〜25cm
- 日本全土
- 5〜7cm

▲雑木林で見つけたチチコグサ。

チチコグサモドキ

キク科の一〜二年草。北アメリカ原産の帰化植物*で、畑や空き地などで見つかります。太い茎の上の方の葉のわきに、小さな花をかためてつけます。この草もわた毛の種*をつくります。

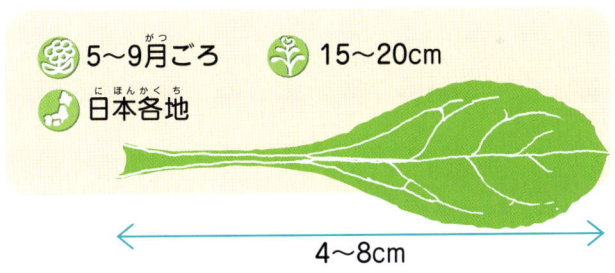
- 5〜9月ごろ
- 15〜20cm
- 日本各地
- 4〜8cm

▲1ミリぐらいの小さな花をつけるチチコグサモドキ。

ウラジロチチコグサ

キク科の二年草。熱帯アメリカ原産の帰化植物*で、空き地や庭のすみなどで見つかります。冬ごしするとき、株は、ぴったりと地面にはりつくように葉を広げます。6月ごろに太い茎が立ちあがって、上の方に小さな頭花*をつけます。葉のうら側はまっ白です。

- 6〜8月ごろ
- 日本各地
- 10〜30cm
- 5〜8cm

▲ウラジロチチコグサは、つぼみのような形の頭花をつける。

*のついていることばは、8〜9ページを見てみましょう。

▲白い花をつけて空き地をうめるように育ったナズナ。

ナズナ

アブラナ科の二年草で、春の七草のひとつです。道ばたや野原、畑や田んぼなどで見つかります。冬ごしをした株の中心から枝わかれする茎を立てて、白い花をつけながらのびていきます。種のさや*が三味線のばちの形ににているので、三味線の音からペンペングサともよばれています。

- 3〜6月ごろ
- 日本全土
- 10〜50cm
- 7〜12cm

▲種のさやが2つにわれて、小さな種がこぼれおちる。

かんさつしよう

ナズナの昼と夜

ナズナの花は、昼間はきれいにさいていますが、夜にはとじてしまいます。花には、光の強さや温度の変化などで開いたり、とじたりするものがあります。タンポポの花も夕方とじます。

▲ナズナの花の昼のようす。

▲夜のようす。

マメグンバイナズナ

アブラナ科の一〜二年草で、空き地や道ばたなどで見つかります。茎は、ほうき状にたくさんの枝をのばします。2ミリほどの白い花をつけますが、小さすぎてあまりめだちません。花が終わったあと、枝いっぱいにつく丸い種のさや*は、よくめだちます。

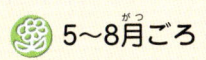
- 5〜8月ごろ
- 日本各地
- 30〜50cm

3〜5cm

▲ 丸いさやがわれて、種がこぼれおちる。

▶ マメグンバイナズナは、種のさやの形が、すもうの軍配ににている。

野の原

クサノオウ

ケシ科の二年草で、空き地や道ばた、土手などに育ちます。茎はやわらかく、切ると切り口から黄色い乳液*が出ます。花びらは4まいで、花が終わったあと、細長い種のさや*ができます。

- 5〜7月ごろ
- 北海道から九州まで
- 30〜80cm

10〜18cm

▲ 空き地に育ったクサノオウ。

▶ 白い毛のある茎は中空になっていて、おると黄色い乳液が出てくる。乳液には毒があるので気をつけよう。

*のついていることばは、8〜9ページを見てみましょう。

▲ びっしりと花をつけた空き地のセイヨウタンポポ。

セイヨウタンポポ

キク科の多年草で、ヨーロッパ原産の帰化植物*です。空き地や野原など、日本中どこでも育ちますが、とくに町なかで多く見られます。冬ごしをした株の中心から何本もの花茎*を立てて、3～5センチほどの大きな頭花をつけます。頭花は、たくさんの舌状花*の集まりです。

- 3～6月ごろ
- 日本各地
- 30～50cm

10～20cm

▲ さきはじめの花は、花茎が短い。

◀ セイヨウタンポポは、花をささえる総ほう片*が外側にそりかえっている。

総ほう片

▲ あたたかくなるにしたがって花茎が長くなる。

▲舌状花が集まった頭花の断面。

▲花が終わると、わた毛の種＊ができる。

野原

かんさつしよう

セイヨウタンポポとカントウタンポポ

すごいいきおいでふえるセイヨウタンポポとは別に、日本にはカントウタンポポとか、カンサイタンポポなど、昔から見られたタンポポがあります。よくにていますが、総ほう片の形で見わけられます。

▲カントウタンポポ。セイヨウタンポポにくらべて、総ほう片が小さく、そりかえっていない。

▲左の4まいがセイヨウタンポポの葉で、右の3まいはカントウタンポポの葉。葉の形で見わけるのはむずかしい。

▲カンサイタンポポ。関西地方に多いタンポポで、総ほう片が細く、舌状花も細い。

▲エゾタンポポ。北日本に多いタンポポで、総ほう片がこぶのようにふくらんでいるのが特ちょうだ。

▲シロバナタンポポ。西日本に多いタンポポで、舌状花が白いから、ほかのタンポポとかんたんに区別できる。

＊のついていることばは、8～9ページを見てみましょう。

ブタナ

キク科の多年草で、ヨーロッパ原産の帰化植物*です。道ばたや空き地、土手などに育ちますが、北海道ではとくに多く見られます。花はタンポポににていますが、タンポポより花茎*が長く、枝わかれして1本の茎に2～3こほどの花をつけます。

- 5～10月ごろ
- 40～50cm
- 日本各地

8～15cm

▶ 道ばたや空き地に育つブタナ。

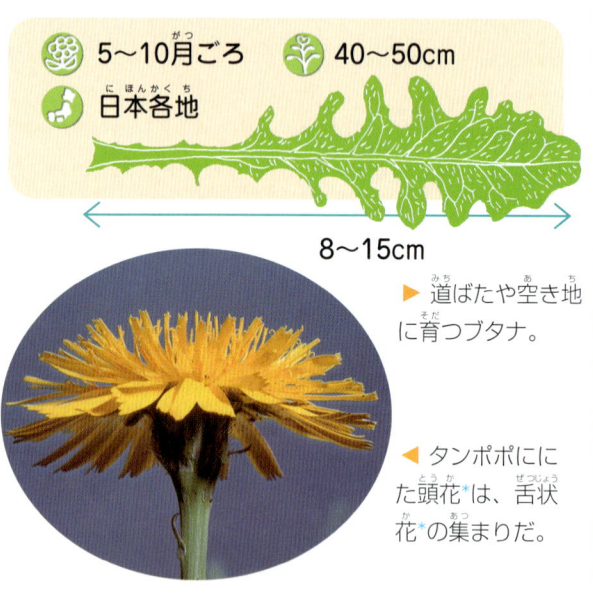

◀ タンポポににた頭花*は、舌状花*の集まりだ。

▼ 道ばたのブタナ。花が終わると、わた毛の種*ができる。車がそばを通ると、わた毛の種が風にとばされる。

ハルジオン

キク科の多年草で、北アメリカ原産の帰化植物*です。野原や道ばたで見つかります。春、冬ごしした株の中心から数本の太い茎が立ちあがり、茎の上の方に1.5センチほどの頭花*をたくさんつけます。

- 4～6月ごろ
- 日本各地
- 30～60cm

8～10cm

▲ ハルジオンの頭花はふつう白い。白い部分は舌状花*で、まん中の黄色い部分は管状花*の集まりだ。

◀ ときどき見つかるうすい赤色をおびるハルジオン。つぼみのときは、さらに赤い色をしている。

▲ 太い茎には、細かな毛がある。

▲ 茎を切ってみると、中はからっぽだ。

▲ ハルジオンの花は、つぼみの間はしおれたようにたれさがっている。

野原

*のついていることばは、8～9ページを見てみましょう。　27

ハルノノゲシ

キク科の一〜二年草で、野原や道ばた、畑のわきなどに育ちます。サクラがさくころ、冬ごしをした株から太い茎を立ちあげて、花をつけます。あたたかい場所だと、冬でも花をつけることがあります。オニノゲシとよくにていますが、茎をつつむようにつく葉の形で区別できます。

- 3〜10月ごろ
- 北海道から九州まで
- 50〜100cm

10〜16cm

▲2センチほどの頭花*は、舌状花*の集まり。

ハルノノゲシとオニノゲシはよくにているけれど、よく見ると、葉のとげのするどさがちがう。かんさつしてみよう。

▲ハルノノゲシの葉は、とげをさわってもいたくない。

▲太い茎は中空になっていて、切ると白い乳液*が出る。

▲オニノゲシは、茎が太く、葉にするどい切れこみがある。

オニノゲシ

キク科の二年草で、ヨーロッパ原産の帰化植物*です。道ばたや畑、空き地などに育ちます。ハルノノゲシににていますが、葉があつくて、するどいとげがあるのが特ちょうです。2センチほどの頭花*は、舌状花*の集まりです。

- 3〜10月ごろ
- 日本各地
- 80〜120cm

12〜20cm

▲茎をつつむ葉は、とげがするどくて、さわるととてもいたい。

▶茎は中空で、切ると白い乳液*が出るのは、ハルノノゲシと同じだ。

野原

*のついていることばは、8〜9ページを見てみましょう。

ハコベ

ナデシコ科の二年草で、畑や道ばた、庭のすみなどで見つかります。春の七草のひとつで、ハコベラともよばれます。対生*する葉はあつぼったくて、こい緑色をしています。花びらは5まいですが、それぞれが2つにわれ、10まいあるように見えます。

- 3～9月ごろ
- 日本全土
- 10～30cm

2～4cm

▲ 畑のすみで、たくさんの白い花をつけるハコベ。

▶ 花びらが10まいあるように見えるハコベの花。

ウシハコベ

ナデシコ科の二年草または多年草で、野原や林のへりなどに群生*します。ハコベにくらべると葉が大きく、葉のふちがやや波うっています。茎はつる状で、ほかの草などにおおいかぶさるようにして、ときには60センチほどにものびます。

- 4～10月ごろ
- 北海道から九州まで
- 20～60cm

3～5cm

▲ 白い花をつけたウシハコベ。

▶ ウシハコベも花びらは5まいだが、10まいあるように見える。

同じハコベのなかまでも、ハコベとウシハコベでは、葉の大きさも形もずいぶんちがう。

ウシハコベ　ハコベ

ミミナグサ

ナデシコ科の二年草で、道ばたや畑などに育ちます。春、冬ごしをした株からむらさき色の茎をのばし、7ミリほどの白い花をまばらにつけます。花びらは5まいで、先の方が少しわれています。ミミナグサの名前は、葉の形がネズミの耳ににているからといわれています。

- 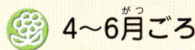 4～6月ごろ
- 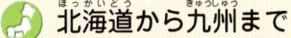 北海道から九州まで
- 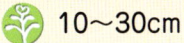 10～30cm

2～3cm

◀ ミミナグサは、茎の先の方に花がつく。

▼ 花びらには、小さな切れこみがある。

野原

オランダミミナグサ

ナデシコ科の二年草で、ヨーロッパ原産の帰化植物*です。道ばたや田のあぜ、畑、庭のすみなどで見つかります。冬ごしをした株から茎を立てて、その先に白い花を数こずつかためてつけます。花は1センチほどです。

- 4～5月ごろ
- 10～60cm
- 日本各地

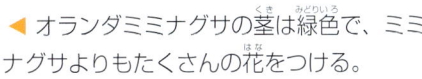
2～3cm

◀ オランダミミナグサの茎は緑色で、ミミナグサよりもたくさんの花をつける。

▼ 花びらは5まいで、茎や葉には毛が多い。

*のついていることばは、8～9ページを見てみましょう。

▲ コウゾリナは、野原や道ばた、田んぼのへりなど、あちこちで見られる。

コウゾリナ

キク科の二年草で、野原や空き地などに育ちます。かたい茎には、赤っぽい毛がびっしり生えていて、さわるとざらざらします。花は2センチほどです。花のあとに、わた毛の種*ができて、風にのってとんでいきます。

- 5〜10月ごろ
- 北海道から九州まで
- 25〜100cm

8〜14cm

◀ 黄色い花は、舌状花*の集まりだ。

▲ わた毛の種。

▲ かたい毛がびっしり生えた茎。

オニタビラコ

キク科の一〜二年草で、道ばたや畑のわき、家のまわりに育ちます。株の中心から太い茎を立てて、茎の上の方に1センチほどの花をかためてつけます。花が終わると、コウゾリナと同じようにわた毛の種*ができます。

- 5〜10月ごろ
- 日本全土
- 20〜100cm
- 8〜15cm

▲オニタビラコは道ばたや庭のすみなどに育つ草で、都会でもよく見かける。

◀さきはじめのころの花は、茎のてっぺんにかたまってついている。

◀花は舌状花*の集まりだ。　　▲花が終わると、わた毛の種ができる。

＊のついていることばは、8〜9ページを見てみましょう。

野原

ヤエムグラ

アカネ科の一〜二年草で、林のへりや空き地、生け垣の下などで見つかります。茎や葉に細かいとげがあって、ふれると服や手にはりつきます。葉のわきにつく花は、緑色で1ミリほどの大きさしかありません。花のあとには、とげだらけの実が2こずつくっついてできます。

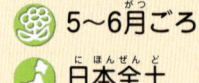 5〜6月ごろ
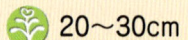 日本全土
20〜30cm

3〜5cm

▲重なりあって生えるヤエムグラ。

◀花は小さくて、あまりめだたない。

▶ヤエムグラは、実にも細かいとげがあり、服や動物の毛にはりつく。

コナスビ

サクラソウ科の多年草で、道ばたや空き地、庭のすみなどに育ちます。春、冬ごしした株から数本の茎をのばして、葉のわきに7ミリほどの黄色い花を1〜2こつけます。花のあとにできる実がナスの形ににているというので、この名前がつけられました。

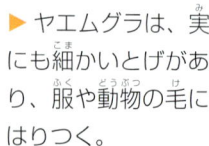 5〜7月ごろ
北海道から九州まで
10〜25cm

2〜3cm

▲対生*する葉のわきにさくコナスビの花。

▲ナスに形がにているコナスビの実。

▲やがて実が5つにさけて、小さい種がこぼれおちる。

アメリカフウロ

フウロソウ科の二年草で、北アメリカ原産の帰化植物*です。野原や畑のまわりなどに育ちます。花のあとにできる種のさや*は、ゲンノショウコ（腹痛の薬に利用される草）によくにた形で、さやのはじける力で種を遠くまでとばします。

- 5～9月ごろ
- 日本各地
- 20～30cm

6～11cm

▶ 茎のてっぺんにつく花は7ミリほどで、花びらは5まい。

◀ あわいむらさき色のアメリカフウロの花。

▶ 種は、さやのはじける力で遠くまでとんでいく。

ツメクサ

ナデシコ科の一～二年草で、庭や道ばた、畑のわきなどで見つかります。茎は、株の根もとから枝わかれして地面をはうようにのび、てっぺんに4ミリほどの小さな花をつけます。葉の形が鳥のつめににているので、この名前があります。

- 3～7月ごろ
- 日本全土
- 2～20cm

1～2cm

▲ 地面をはうように八方へ茎をのばすツメクサ。

▶ 花は、花びらが5まいある。ルーペでのぞいてみよう。

野の原

*のついていることばは、8～9ページを見てみましょう。

35

ジシバリ

キク科の多年草で、田んぼのあぜや空き地などに育ちます。2センチほどの黄色い花は舌状花*の集まりです。オオジシバリによくにていますが、ジシバリは葉がやや白っぽくて、全体に小さいので区別ができます。花が終わると、わた毛の種*ができます。

- 4～7月ごろ
- 日本全土
- 10～20cm
- 7～10cm

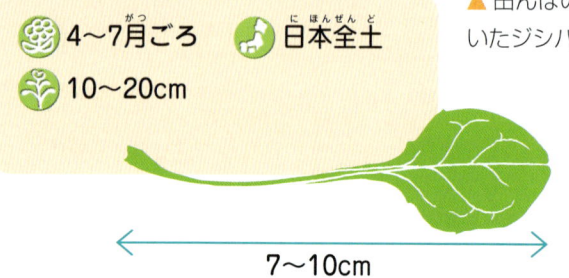

◀ 田んぼのあぜ道にさいていたジシバリ。

▶ ジシバリのわた毛の種。

オオジシバリ

キク科の多年草で、田んぼのあぜや土手、あぜ道のわきなどで見つかります。葉よりも高く花茎*をのばして、3センチほどの黄色い舌状花*だけの花を2～3こつけます。茎や葉を切ると、白い乳液*が出ます。

- 4～5月ごろ
- 20～30cm
- 日本全土
- 8～12cm

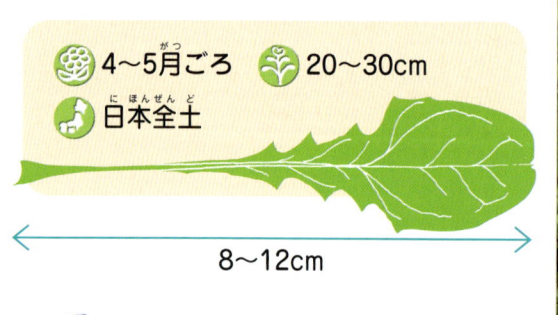

◀ あぜ道など、しめった場所に群生するオオジシバリ。

▼ 花が終わると、わた毛の種*ができる。

> ジシバリとオオジシバリはよくにているけれど、オオジシバリの方が花や葉が大きいので、この名前がつけられた。

トキワハゼ

ゴマノハグサ科の一年草で、畑のわきや庭のすみ、田んぼのあぜなどで見つかります。茎は、地面をはうようにしてのびます。花の形がムラサキサギゴケ（48ページ）によくにていますが、トキワハゼの茎は株の中心から立ちあがって花をつけます。

- 4〜10月ごろ
- 日本全土
- 6〜20cm
- 2〜4cm

◀ トキワハゼの花は春から秋までさく。

▲ 唇形*とよばれる形のかわいい花。

ヘビイチゴ

バラ科の多年草で、道ばたや空き地、庭のすみなど、ややしめった場所に育ちます。株の中心から地面をはうように数本の茎をのばして、茎のわきから立ちあがるように1.5センチほどの黄色い花をつけます。

- 4〜7月ごろ
- 日本全土
- 10〜15cm
- 5〜7cm

▶ つぎつぎと花をつけながら、地面をはうようにして茎をのばすヘビイチゴ。

◀ 花は、花びらが5まいある。

▶ 花のあとにできる赤い実は、表面のつぶつぶが種。毒はないが、食べてもおいしくない。

*のついていることばは、8〜9ページを見てみましょう。

野原

キュウリグサ

ムラサキ科の二年草で、道ばたや畑のまわり、庭のすみなどに育ちます。春、冬ごしをした株の中心から枝わかれした長い茎をのばして、つぎつぎに小さい花をつけます。葉をもむと、キュウリのようなにおいがします。

- 3〜6月ごろ
- 10〜30cm
- 日本全土

5〜11cm

▲花をつける茎の先がまいている。

▶キュウリグサの花は2ミリほど。

ムラサキケマン

ケシ科の二年草で、野原や林のへり、庭のすみなど、ややしめった場所で見つかります。春、冬ごしをした株の中心から太い茎を数本のばして、むらさき色の花をかためてつけます。茎や葉はやわらかく、きずつけるといやなにおいがします。

- 4〜6月ごろ
- 日本全土
- 20〜50cm

10〜16cm

▲ムラサキケマンは、茎や葉に毒があるので、気をつけよう。

▲花のあとにできる種のさや*（左の写真）にふれると、よじれながらわれて種をとばす（右の写真）。

野原

▲やぶの中などに群生するオドリコソウ。白い花のほかに、むらさき色の花もある。

オドリコソウ

シソ科の多年草で、林のへりや土手のやぶなどに群生*します。冬ごしをした株の中心から太い茎をのばして、対生*する葉のわきに、唇形*とよばれる形の花を、輪のようにつけます。花の形が、笠をかぶったおどり子のようだというので、こんな名前がつけられました。

- 4〜6月ごろ
- 北海道から九州まで
- 30〜50cm

7〜12cm

▲花の笠のような部分をめくってみると、かくれているおしべやめしべが見つかる。

*のついていることばは、8〜9ページを見てみましょう。

タチツボスミレ

スミレ科の多年草で、日あたりのいい土手や林のへりなどに育ちます。春、冬ごしをした株の中心から数本の茎をのばして、1.5〜2.5センチほどの花を1こずつつけます。花はあわいむらさき色ですが、育つ場所によって色のこさがちがいます。

- 3〜5月ごろ
- 15〜30cm
- 日本全土

6〜10cm

▲明るい方に向かって花をつけたタチツボスミレ。

◀花びらは5まい。花の中心に、めしべをつつむように黄色いおしべがある。

▲花の後ろの方へつきでる距*という部分が、スミレの花の特ちょう。

スミレには、ここにのせたもののほかにも、たくさんの種類がある。それぞれ花の色や葉の形で見わける。

スミレ

スミレ科の多年草で、畑のわきや道ばたなどに育ちます。タチツボスミレの葉はハート形をしていますが、スミレの葉はややあつみがあり、細長い形です。花は1～2.5センチほどで、こいむらさき色をしています。

🌸 4～5月ごろ　🐴 北海道から九州まで
🌱 10～17cm

▲畑のわきで見つけたスミレの大きな株。

7～16cm

野の原

ノジスミレ

スミレ科の多年草で、日あたりのいい土手や道ばたに育ちます。花は1.2～2センチほどで、むらさき色のすじがめだちます。草たけは5～8センチほどです。

▲土手にさいていたノジスミレ。

ツボスミレ

スミレ科の多年草で、ややしめった場所に育ちます。花は白で、下の花びらにむらさき色のすじがめだちます。ツボスミレのツボとは、庭という意味です。

▲1センチほどの小さな花をつけるツボスミレ。

エイザンスミレ

スミレ科の多年草で、やや低い山の山道のわきなどで見つかります。草たけは5～12センチほどで、切れこみのある葉が特ちょうです。

▲葉の形がかわっているエイザンスミレ。

フモトスミレ

スミレ科の多年草で、山道のわきなどに育ちます。草たけは3～6センチほどで、花も7ミリほどしかありません。

▲こんなに小さいフモトスミレ。

*のついていることばは、8～9ページを見てみましょう。

41

カラスノエンドウ

マメ科の二年草で、野原や空き地のすみ、田んぼのあぜなどで見つかります。葉の先が細いまきひげになっていて、からみあって立ちあがります。その葉のわきに1.5センチほどの花を2こずつつけます。花が終わると、3〜5センチほどのマメのさやができます。

- 3〜6月ごろ
- 本州から沖縄まで
- 20〜40cm

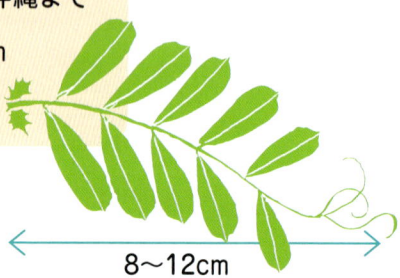

8〜12cm

▶ 葉の先のつるが、たがいにからみつきながら立ちあがる。

▶ 葉のわきに、むらさき色の花をつける。

スズメノエンドウ

マメ科の二年草で、田のあぜや草むらで見つかります。葉の先が細いつるになり、ほかの草などにまきついてのびます。白い花は3〜4ミリほどで、あまりめだちません。花が終わると、種が2つ入った小さなマメのさやができます。

- 4〜6月ごろ
- 本州から沖縄まで
- 15〜25cm

5〜8cm

▲ 細いつるがからみあいながらのびるスズメノエンドウ。

▶ 名前のとおり、カラスノエンドウよりも小さい花がさく。

シロツメクサ

マメ科の多年草。ヨーロッパ原産の帰化植物*で、一般にはクローバーとよばれています。空き地や道ばたなどに群生*します。長い茎の先に3まいの小葉*がつきますが、まれに4まいつくものもあります。これは四つ葉のクローバーとよばれ、「見つけると幸運がやってくる」といういいつたえがあります。

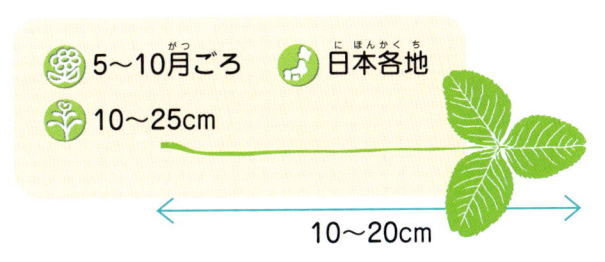

- 5～10月ごろ
- 10～25cm
- 日本各地
- 10～20cm

▲シロツメクサは、葉よりも花の方が高くつきでる。 
▶小さな花が集まって丸くなったシロツメクサの花。
◀四つ葉のクローバーは、なかなか見つからない。けれど、1本見つかると、その近くに数本かたまってあることが多い。

アカツメクサ

マメ科の多年草で、ヨーロッパ原産の帰化植物*です。牧草として輸入されたものが野生化したもので、野原や空き地など日本中で見られます。シロツメクサよりも、小葉*が大きくて細長いので、区別ができます。

- 5～10月ごろ
- 日本各地
- 30～60cm 
- 5～12cm

▶空き地に群生*するアカツメクサ。花の色がうすいものもまじる。
▶むらさき色の小さな花が集まって、丸くなったアカツメクサの花。

草花とあそぼう

花のめがねや首かざり

シロツメクサは、草花あそびのなかでも、とくに人気の高い草です。右の写真は、シロツメクサの茎をあんでつくっためがねです。ほかにも、茎を数本むすびつけて輪にすれば、首かざりやかんむりができます。

野の原

*のついていることばは、8～9ページを見てみましょう。

田んぼや水辺の草花

田んぼや池、川の近くでも、いろいろな草花が見つかります。水辺にはどんな花がさいているのか、かんさつしてみましょう。

カラスムギ 55ページ

キショウブ 52ページ

クレソン 47ページ

コオニタビラコ 46ページ

レンゲソウ 49ページ

タガラシ 51ページ

ドクゼリ

セリ科の多年草で、小川や池、湿地などに大きな株になって育ちます。花のつくころには、草たけが1メートルほどにも生長します。太い茎は中空で、タケのような節があります。その茎の先に、小さい花をたくさん花火のような形につけます。ドクゼリには、強い毒があります。

- 6〜8月ごろ
- 北海道から九州まで
- 80〜100cm

▶ ドクゼリの葉はとても大きく、セリの葉とかんたんに見わけられる。

▲ 湿地に育ったドクゼリの大きな株。

▲ 茎のてっぺんに、白い花を丸くかためてつける。

▲ 根元を切ってみると、タケのような節があることがわかる。

田んぼや水辺

キツネアザミ

キク科の二年草で、田んぼのあぜや道ばた、草地などで見つかります。春、ロゼット*で冬ごしした株の中心から太い茎をのばし、たくさんの枝の先に1〜2センチほどの頭花*をつけます。

- 5〜6月ごろ
- 60〜100cm
- 本州から沖縄まで

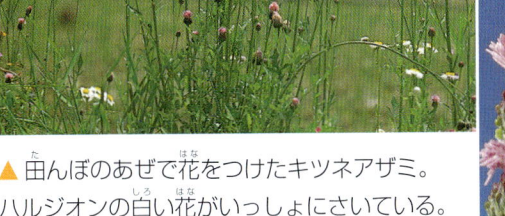

8〜15cm

▲ 田んぼのあぜで花をつけたキツネアザミ。ハルジオンの白い花がいっしょにさいている。

▶ キツネアザミの頭花。キツネアザミには、とげがないので、花や葉にふれてもノアザミのようにいたくない。

*のついていることばは、8〜9ページを見てみましょう。

45

コオニタビラコ

キク科の二年草で、春の七草のひとつです。春の七草では、ホトケノザとよばれています。田んぼに育つ小さな草で、地面にへばりつくように茎をのばし、1センチほどの小さい花をつけます。頭花*は舌状花*の集まりです。

- 3〜5月ごろ
- 8〜12cm
- 北海道から九州まで
- 5〜7cm 

▲地面にはりつくように広がり、花をつけるコオニタビラコ。

◀春の七草のひとつで、水田でないと見つからない（左の写真）。七草ではロゼット*を食べるが、花がつくころ（右の写真）でも食べることができる。

ノミノフスマ

ナデシコ科の二年草で、田んぼのあぜや、畑のまわりなどで見つかります。株の中心からたくさんの枝をのばして、地面をはうように広がり、細い茎の先に5ミリほどの白い花をつけます。ふすまは昔のかけぶとんのことです。小さな葉をノミのかけぶとんにたとえ、こんな名前がつけられました。

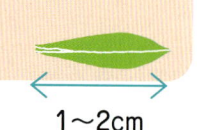

- 4〜10月ごろ
- 10〜30cm
- 北海道から九州まで
- 1〜2cm

▲田んぼで見つけたノミノフスマ。地面をはうように広がっている。

▶花びらは5まい。深く切れこんでいるため、10まいあるように見える。

タネツケバナ

アブラナ科の二年草で、田んぼや小川の岸など、しめった場所に育ちます。春、ロゼット*で冬ごしした株からたくさんの茎を立てて、5ミリほどの小さな花をたくさんつけます。花びらは4まい。これは、アブラナ科の植物の特ちょうです。

- 4～6月ごろ
- 10～30cm
- 日本全土

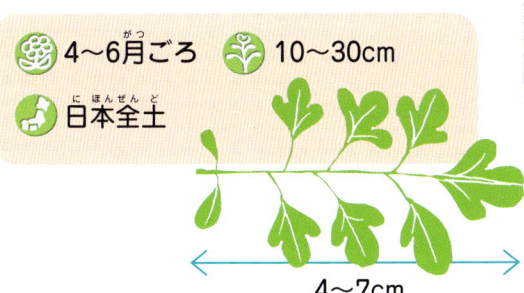

4～7cm

▲田んぼのあぜで見つけたタネツケバナの大きな株。

▶花びらが4まいの小さな花。

田んぼや水辺

クレソン（オランダガラシ）

アブラナ科の多年草で、食用のために外国から持ちこまれた帰化植物*です。流れのある川の岸や湿地などに群生*します。葉は冬でもかれず、水面にうくようにつるを広げ、節の部分から水中へ根をのばしてふえていきます。

- 5～7月ごろ
- 日本各地
- 20～50cm

10～20cm

▲川岸に育つクレソンの大きな株。葉も花もサラダなどの料理に利用される。

▶白い花は5ミリほどで、花びらは4まい。

*のついていることばは、8～9ページを見てみましょう。

オヘビイチゴ

バラ科の多年草で、野原や田んぼなどのしめった場所に育ちます。冬ごしをした株からたくさんの茎をのばして、8ミリほどの黄色い花をつぎつぎとさかせます。花の形はヘビイチゴ（37ページ）ににていますが、ヘビイチゴのような赤い実はつけません。

- 5〜6月ごろ
- 20〜30cm
- 本州から九州まで 
- 10〜15cm

▲地面をかくすように花をつけた、オヘビイチゴの大きな株。

ムラサキサギゴケ

ゴマノハグサ科の多年草で、田んぼのあぜなどに群生*します。株の中心から太い茎が地面をはうようにのびて、茎の先に、1.5〜2センチほどのむらさき色の花をつけます。

- 4〜6月ごろ
- 10〜15cm
- 本州から九州まで 
- 2〜3cm

◀田んぼのあぜにはりつくようにして花をつけるムラサキサギゴケ。

▲花は、唇形*とよばれる形をしている。

田んぼや水辺

レンゲソウ（ゲンゲ）

マメ科の二年草で、中国原産の帰化植物*です。田んぼの肥料にするために栽培されますが、休耕田やあぜ道などでもよく見つかります。田んぼ一面をむらさき色にするレンゲソウの花は、びっくりするほど美しいものです。また、レンゲソウの花のみつは、ミツバチの大好物です。

▲田んぼをうめるようにさくレンゲソウ。近づくと、プーンとあまいかおりがする。

- 4〜6月ごろ
- 日本各地
- 10〜30cm

10〜20cm

▼レンゲソウの花は、昼は上向きにさくが、夜には下向きにたれさがってしまう。

*のついていることばは、8〜9ページを見てみましょう。

49

スイバ

タデ科の多年草で、土手や田のあぜなどに育ちます。スイバには、おばなのつくお株と、めばなのつくめ株があって、め株だけに種ができます。花がつく前のやわらかな葉や茎は、すっぱいですが食べられます。地方によっては、スカンポという名で親しまれています。

- 5～8月ごろ
- 30～100cm
- 北海道から九州まで

10～17cm

◀ 花がさく前のスイバの穂。

▲ め株につくめばな。おばなは緑色をしている。

カワヂシャ

ゴマノハグサ科の二年草で、川岸や田んぼなどの水辺で見つかります。ロゼット*の形で冬ごしした株は、5月ごろに急に大きくなり、太い茎の上の方に小さい花をつけます。カワヂシャとは、川に育つチシャ（野菜のレタスのこと）という意味で、若葉は食べられます。

- 5～6月ごろ
- 本州から沖縄まで
- 20～50cm

3～7cm

▲ 葉のわきから枝をのばして、つぎつぎと花をつけるカワヂシャ。

▶ 花は4ミリほどの大きさ。

*のついていることばは、8～9ページを見てみましょう。

タガラシ

キンポウゲ科の二年草で、池や田んぼで見つかります。株の中心から2～4本ほどの枝わかれする太い茎をのばして、1センチほどの黄色い花をつけます。花の中心の丸い緑の部分が、種になる部分です。

- 4～5月ごろ
- 北海道から九州まで
- 30～50cm

6～12cm

◀田んぼの中に育ったタガラシの大きな株。タガラシは、茎や葉に毒がある。

▼タガラシの花。花が終わると、だ円形の種ができる。

田んぼや水辺

ケキツネノボタン

キンポウゲ科の二年草で、田んぼのあぜや、川岸などのしめった場所に育ちます。茎や葉に毛があり、ふれるとざらざらします。太い茎の葉のわきから枝わかれして、1.2センチほどの黄色い花をつけます。その花が終わると、コンペイトウのような形の種ができます。

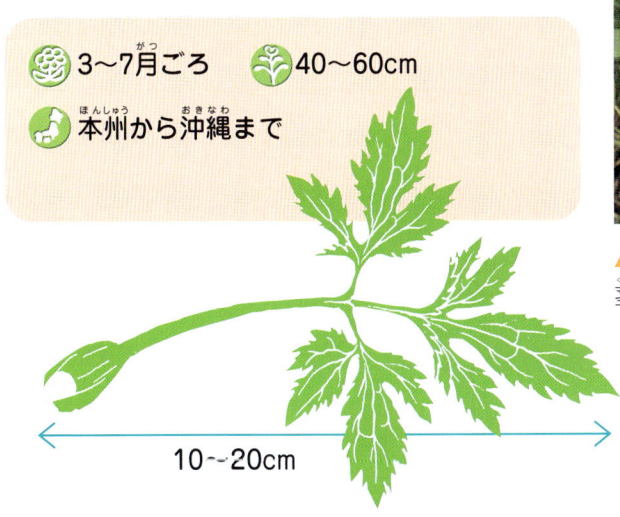

- 3～7月ごろ
- 40～60cm
- 本州から沖縄まで

10～20cm

▲田んぼで見つけたケキツネノボタン。茎や葉に毒がある。

▶コンペイトウのような形の種。

キショウブ

アヤメ科の多年草。ヨーロッパ原産の帰化植物*ですが、今では日本各地の池や湿地、小川などに野生化しています。根もとからのびる葉は60〜100センチほどもありますが、茎も同じくらい長く、てっぺんに8センチほどの黄色い花をつけます。

- 5〜6月ごろ
- 日本各地
- 60〜100cm

▲ キショウブはじょうぶな草で、今では全国の湿地や沼、池で見られる。

◀ 黄色があざやかなキショウブの花。

カキツバタ

アヤメ科の多年草で、湿地や川岸などに育ちます。細長い葉は30〜70センチほど。40〜90センチほどの太い茎を立てて、青むらさき色の花を2〜3こつけます。花だんなどで育てられるアヤメににていますが、たれさがった花びらのもようで見わけられます。

アヤメ（下の写真）には、花びらの中心に細かなもようがある。

▲ カキツバタの花には、花びらのまん中に黄色い線がある。

- 5〜6月ごろ
- 北海道から九州まで
- 50〜90cm

ショウブ

サトイモ科の多年草で、池や湿地、小川などに群生*します。5月の節句には、葉をおふろに入れて、しょうぶ湯にします。葉は細長くて50〜70センチほど。葉とよくにた茎に、小指ほどの大きさのぼうのような花をつけます。

田んぼや水辺

▲池のまわりの湿地に育つショウブ。花をつける茎は少ない。

ショウブは、名前がにているが、キショウブやカキツバタなどとはまったく別の種類の草花だ。

- 5〜7月ごろ
- 北海道から九州まで
- 50〜70cm

▲あわい黄緑色のショウブの花。

▲よく見ると、花びらのない小さな花がびっしりならんでいる。ショウブは、ミズバショウなどのなかまだ。

セキショウ

サトイモ科の多年草で、冬でも葉がかれません。30〜50センチほどの細長い葉の間から、5〜10センチほどの、ぼうのような花が立ちあがります。山地の谷川の岸などでよく見つかりますが、庭で育てる人も多いようです。

- 3〜5月ごろ
- 本州から九州まで
- 30〜50cm

▲細長いぼうのような形をしたセキショウの花。

*のついていることばは、8〜9ページを見てみましょう。

スズメノテッポウ

イネ科の二年草で、田んぼやしめった畑などに育ちます。細い葉をつけて立ちあがる茎のてっぺんに、3〜5センチほどのぼうのような形の花をつけます。花をつける部分を茎からぬきとり、笛にしてあそぶため、ピーピーグサともよばれます。

- 4〜6月ごろ
- 北海道から九州まで
- 20〜30cm

▲草花あそびにも使われるスズメノテッポウの花。
▲花からぶらさがるのがおしべで、小さくて白いのがめしべ。

カズノコグサ

イネ科の一〜二年草で、田んぼや湿地などで見つかります。細長い葉をつけ、大きな株になることが多いようです。花は、茎の先にかたまってつき、花びらがありません。花の穂が数の子のような形をしているため、この名前がつけられました。

▲田んぼや湿地などに育つ、おもしろい形のカズノコグサ。

◀種ができると、黄色になってパラパラとこぼれる。

- 6〜7月ごろ
- 30〜50cm
- 北海道から九州まで

チガヤ

イネ科の多年草で、日あたりのいい草地や休耕田などに群生*します。白い根が地中を長くはい、節の部分から細長い茎をのばします。花がつく茎は30〜80センチほどあり、花が終わると、わた毛の種*をつけたまっ白な穂になって風になびきます。

- 4〜6月ごろ
- 日本全土
- 50〜80cm

▶ わた毛の種をつけて銀色に光るチガヤの穂。

▲ チガヤの花のめしべとおしべ。ぶらさがっているのがおしべ。

田んぼや水辺

ゴウソ

カヤツリグサ科の多年草で、田のあぜや湿地などに育ちます。大きな株になり、たくさんの茎を立てて、4〜7センチほどの穂が重そうにたれさがります。葉は、細長くてざらざらしています。

- 5〜6月ごろ
- 日本全土
- 30〜40cm

▲ たくさんの穂をぶらさげるゴウソ。

カラスムギ

イネ科の一〜二年草で、ヨーロッパ原産の帰化植物*です。道ばたや畑などに生えます。太い茎の先にたくさんの実をつけます。

- 6〜7月ごろ
- 日本各地
- 60〜100cm

▲ 重そうに穂をたれるカラスムギ。

かんさつしよう

カラスムギの種

カラスムギの種には、長くのびるねじれた部分があります。種が地面に落ちて雨にあたると、ねじれた部分がほぐされて、回転しながら地面につきささります。このとき、だいじなやくめをするのが「く」の字形にまがった部分です。

▲ カラスムギの種。

▲ ねじれた部分がまいたり、のびたりして回転しながら、地面にもぐる。

*のついていることばは、8〜9ページを見てみましょう。

雑木林や低い山の草花

林や森の中には、そこでしか見られない草花が生えています。なかには、ウラシマソウのようなふしぎな草もあります。

アズマイチゲ 63ページ

ヤマブキソウ 64ページ

ジュウニヒトエ 58ページ

チゴユリ 64ページ

ヒトリシズカ 60ページ

ホウチャクソウ 64ページ

フクジュソウ

キンポウゲ科の多年草で、日あたりのいい山の斜面や林などに育ちます。正月を祝うめでたい花として鉢植えなどで栽培されるものもあります。あたたかい地方よりも北国に多く育ちますが、庭で育てる人も多いようです。

- 2～5月ごろ
- 北海道から九州まで
- 15～30cm

◀ 花が終わると、8ミリほどの小さな実をつける。

▲ 春早くに花をつけるフクジュソウだが、花のころには葉はまだのびきっていない。

ノアザミ

キク科の多年草で、林のへりや野原、土手、田んぼのあぜなどで見つかります。根もとから数本の太い茎をのばして、てっぺんに4～5センチほどの頭花*をつけます。葉は、ぎざぎざしていて、とげがあります。

- 5～8月ごろ
- 本州から九州まで
- 50～100cm

10～20cm

▲ 枝わかれしながら、つぎつぎとむらさき色の花をつけるノアザミ。

▲ 頭花は管状花*の集まりで、外側から先にさく。白いものはおしべの花粉。頭花をささえる総ほう*の部分は、ねばねばする。

雑木林や低い山

*のついていることばは、8～9ページを見てみましょう。

イチリンソウ

キンポウゲ科の多年草で、竹林の中や落葉樹の林の中、山道のわきの土手などに生えます。細かく切れこみのある葉を広げ、中心からのびる茎の先に、白い花を上向きにつけます。1本の茎に花を一輪だけさかせるので、イチリンソウ（一輪草）の名前があります。

- 4〜5月ごろ
- 本州から九州まで
- 20〜25cm

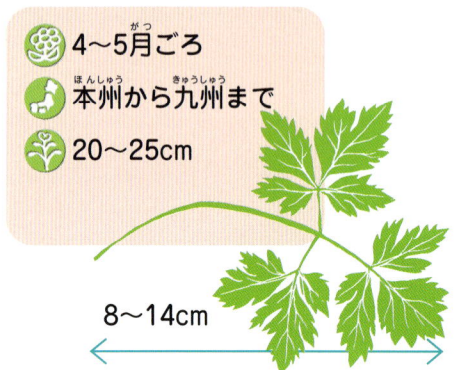

8〜14cm

▲白い花は4センチほど。

◀湿気の多い場所で見つかるイチリンソウ。

ジュウニヒトエ

シソ科の多年草で、林のへりや日あたりのいい山の斜面などで見つかります。株の中心から数本の太い茎をのばして、9ミリほどの白い花を穂のようにびっしりとつけます。ジュウニヒトエという名前は、重なりあってさく花を、昔の宮中の女性の礼装、十二単にみたてたものです。

- 4〜5月ごろ
- 10〜25cm
- 本州から四国まで

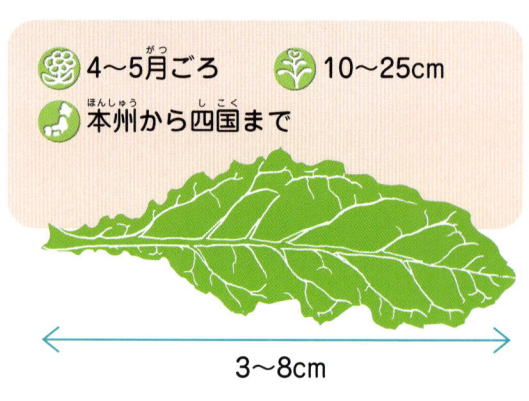

3〜8cm

◀太い茎に、花が重なりあってさくジュウニヒトエ。

▲花は、唇形*とよばれる形をしている。

ショウジョウバカマ

ユリ科の多年草で、谷川ぞいや林などのしめった場所で見つかります。大きな葉をつけて冬ごしし、春早く、株のまん中から太い茎を立てます。てっぺんに2センチほどの花が丸く集まってさきます。白い花もあります。

- 4〜6月ごろ
- 北海道から九州まで
- 30〜40cm

▶ 大きな葉の間から茎をのばし、花をつけたショウジョウバカマ。

カタクリ

ユリ科の多年草。山地の斜面や林の中に育ちますが、なぜか北側の斜面で多く見られます。各地の群生*地には、花のさくころになると、おおぜいの人が見物におとずれます。地下に小指ほどの大きさの球根があり、この球根でつくったのが、カタクリ粉です。

◀ 2まいの大きな葉の間から茎をのばし、4センチほどの花をつけるカタクリ。

- 3〜5月ごろ
- 北海道から九州まで
- 15〜20cm

雑木林や低い山

かんさつしよう

カタクリの球根

みなさんが今、カタクリ粉とよんで料理に使っているのは、ほとんどがジャガイモなどからつくられています。ほんとうのカタクリ粉は、カタクリの球根をすりおろしてつくったものです。

▲ ほりだしたカタクリの球根。

▲ 球根でつくったカタクリ粉。

*のついていることばは、8〜9ページを見てみましょう。

ニリンソウ

キンポウゲ科の多年草で、林や土手などに群生*します。茎のてっぺんの葉の間から2本の細い花茎*をのばし、その先に1.5〜2.5センチほどの白い花を上向きにつけます。ニリンソウ（二輪草）という名前は、1本の茎に花を二輪つけるからです。

- 4〜5月ごろ
- 15〜25cm
- 北海道から九州まで

10〜15cm

▲林などに群生するニリンソウ。

ヒトリシズカ

センリョウ科の多年草で、山地の林や日あたりのいい草地で見つかります。地中にある株から数本の茎を立て、4まいの葉の間から白い花を穂のような形につけます。花が終わると、急に葉が大きく育ちます。

- 4〜5月ごろ
- 北海道から九州まで
- 10〜30cm

6〜10cm

▲葉につつまれるように花をつけるヒトリシズカ。

シュンラン

ラン科の多年草で、落葉樹の林の中などに生えています。細長い葉は10〜20センチほどあり、冬でもかれません。根もとから数本の茎を立てて、1こずつ花をつけます。

- 4〜5月ごろ
- 北海道から九州まで
- 10〜30cm

▶シュンランは観賞用にも栽培され、庭で育てる人も多い。

イカリソウ

メギ科の多年草で、林のへりや山地の斜面などに育ちます。長くつきでる茎の先に、うすいむらさき色の花を数こつけます。花の形が船のいかりににているので、この名前がつきました。

- 4～5月ごろ
- 20～40cm
- 北海道から本州まで

15～25cm

▶ イカリソウの葉は、花のころにはまだ小さい。花が終わると、急に大きくなる。

エビネ

ラン科の多年草で、山地の林の中や竹林などに生えます。人気のある野生のランで、庭で育てる人も多いようです。大きな葉の間から太い茎をのばして、たくさんの花を穂のようにつけます。

- 4～5月ごろ
- 日本全土
- 30～40cm

15～25cm

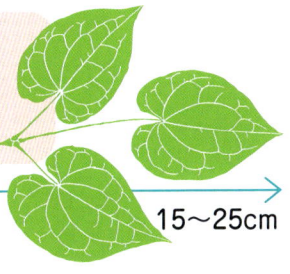

▲ 観賞用に育てる人も多いエビネの花。

クマガイソウ

ラン科の多年草。山地の林の中や竹やぶなどに生えますが、人気があるためにほられてしまうことが多く、めったに見つかりません。おうぎのような形の2まいの葉の間から、ふくろのような形の花をさかせます。

- 4～5月ごろ
- 北海道から九州まで
- 20～40cm

▶ 形がおもしろいクマガイソウの花。

雑木林や低い山

*のついていることばは、8～9ページを見てみましょう。

ミヤマキケマン

ケシ科の多年草で、日あたりのいい山の斜面や林のまわりなどに育ちます。細かな葉をつけた大きな株になり、たくさんの太い茎をのばして、2センチほどの花をたくさんつけます。花は明るい方に向かってさきます。

- 4～6月ごろ
- 近畿地方より北の本州
- 20～50cm

▲ミヤマキケマンは茎も葉もやわらかく、きずつけるといやなにおいがする。

◀みんな同じ方向に向かってさいているミヤマキケマンの花。

ヤマシャクヤク

キンポウゲ科の多年草。山地の林の中などに生えますが、めずらしい草花です。花は1日だけさくと、ちってしまいます。その花や葉の形がシャクヤクによくにているので、こんな名前がつけられました。

- 4～6月ごろ
- 40～50cm
- 北海道から九州まで

▲ヤマシャクヤクの花は、たった1日でちってしまうので、目にする機会は少ない。

▶花のあとにできる種。

キクザキイチゲ

キンポウゲ科の多年草で、北国にとくに多い草です。山の斜面や林のへりなどに、雪どけを待って花をさかせます。花の色はむらさき色で、ときには白もあります。別名を、キクザキイチリンソウといいます。

- 3〜5月ごろ
- 北海道と近畿地方以北の本州
- 10〜20cm

▶ キクザキイチゲの花は、晴れた日でないと開かない。

アズマイチゲ

キンポウゲ科の多年草で、山の斜面や林のへり、土手などで見つかります。切れこみのある3まいの葉の上に、3〜4センチほどの花をつけます。

- 3〜5月ごろ
- 15〜20cm
- 北海道から九州まで

▲ 上向きに花をつけるアズマイチゲ。

シャガ

アヤメ科の多年草。山地のしめった林の中や、谷川の岸などに育ちますが、花を楽しむために庭で育てる人も多いようです。冬でもかれない葉は30〜60センチほどで、平たくて細長い形をしています。白い花は5〜6センチほどで、むらさき色のはん点があります。

- 4〜5月ごろ
- 本州から九州まで
- 30〜70cm

◀ 花の形は、アヤメ（52ページ）によくにている。

◀ しめった場所に群生*するシャガ。

雑木林や低い山

＊のついていることばは、8〜9ページを見てみましょう。

ホウチャクソウ

ユリ科の多年草で、山地の斜面や林の中に育ちます。太い茎にササの葉のような葉をつけ、枝わかれした先に、2.5～3センチほどの花を、1～3こつりさげます。茎や葉をきずつけると、いやなにおいがします。

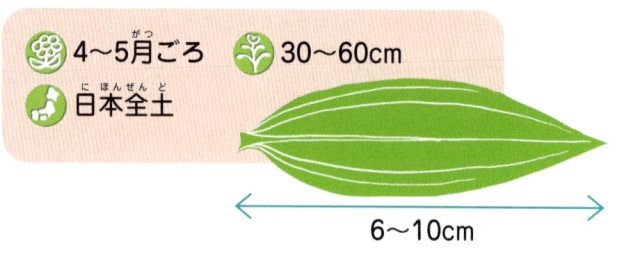

- 4～5月ごろ
- 30～60cm
- 日本全土
- 6～10cm

▲ うすい緑色の花をつりさげるホウチャクソウ。

チゴユリ

ユリ科の多年草で、山地の明るい林の中で見つかります。小さな葉をつけて立ちあがる茎のてっぺんに、白い花を下向きにつけます。花は、1～1.5センチほどと小さく、あまりめだちません。

- 4～5月ごろ
- 15～30cmほど
- 北海道から九州まで
- 3～4cm 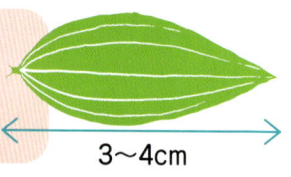

▲ ユリの花ににているチゴユリの花。

ヤマブキソウ

ケシ科の多年草で、林の木かげのややしめった場所で見つかります。花は4～5センチほどで、花びらが4まいです。花がヤマブキという木の花ににているので、こんな名前がつけられました。茎や葉をきずつけると、黄色の乳液*が出ます。葉や茎には毒があります。

- 4～6月ごろ
- 本州から九州まで
- 30～50cm
- 20～30cm 

◀ 花びらは4まい。

▼ 木かげに育つヤマブキソウ。群生*することが多く、林の中でもよくめだつ。

キランソウ

シソ科の多年草で、日あたりのいい土手や草地に育ちます。数本の短い茎をのばして、むらさき色の花をつけます。この草花には、地面にふたをするように葉を広げるので、ジゴクノカマノフタという別名があります。

- 3〜5月ごろ
- 本州から九州まで
- 5〜10cm

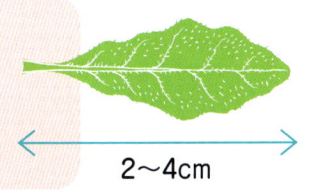

2〜4cm

▲1センチほどの花をつけるキランソウ。

雑木林や低い山

キンラン

▲林の中でもよくめだつキンランの黄色い花。

ラン科の多年草で、山地の林の中に生えます。ササの葉のような葉をつけて、茎のてっぺんに、1.5センチほどの花を数こつけます。黄色い花はよくめだちますが、めったに見つかりません。

- 4〜6月ごろ
- 本州から九州まで
- 30〜50cm

ギンラン

▲つぼみのように見えるギンランの花。

ラン科の多年草で、山地の林の中に育ちます。ササの葉ににたやわらかい葉をつけて立ちあがり、茎のてっぺんに1センチほどの白い花を数こつけます。花は、キンランのように開きません。

- 5〜6月ごろ
- 本州から九州まで
- 10〜30cm

＊のついていることばは、8〜9ページを見てみましょう。

ウラシマソウ

サトイモ科の多年草で、雑木林の中などで見つかります。太い茎に、手のひらのような形の大きな葉をつけ、その葉にかくれるように花をさかせます。花は、仏炎包とよばれる黒むらさき色のふしぎなふくろに守られていて、花の先はひものように長くつきでています。

- 4〜5月ごろ
- 北海道から九州まで
- 20〜40cm

15〜30cm

◀ 雑木林に生えるウラシマソウ。

▲ 仏炎包を切りひらいてみたところ。緑色の小さなつぶつぶが種になる。

カラスビシャク

サトイモ科の多年草で、畑や庭のすみ、野原などに育ちます。3まいの小葉*からなる葉は、10〜20センチほどです。20〜30センチほどの茎の先に、緑色かうすいむらさき色の花をつけます。

- 5〜8月ごろ
- 20〜30cm
- 日本全土

10〜20cm

◀ 小さな仏炎包があるカラスビシャク。

▲ 茎の途中にムカゴ*がつく。

▲ 仏炎包の中の花。下の小さなつぶつぶがめしべで、上の粉のような部分がおしべ。

> ウラシマソウには、たくさんのなかまがあり、どれも、ほんものの花を守る仏炎包というふくろがある。

ミミガタテンナンショウ

サトイモ科の多年草で、うす暗い林の中などで見つかります。草たけは30～50センチ。花の時期は、4～5月ごろです。

▶ 仏炎包がこいむらさき色のミミガタテンナンショウ。

コウライテンナンショウ

サトイモ科の多年草で、北海道から九州までの山地の林の中に育ちます。草たけは、30～40センチ。花の時期は、5～6月ごろです。

▶ 仏炎包が緑色のコウライテンナンショウ。

ユキモチソウ

サトイモ科の多年草。山地の林の中などに生えますが、数が少なく、めったに見つかりません。草たけは30～40センチ。花の時期は、4～6月ごろです。

▶ 仏炎包の先が上向きにのび、白い花の先が顔を出すユキモチソウ。

オオマムシグサ

サトイモ科の多年草で、山地の木かげなどで見つかります。草たけが80センチになるものもあります。花の時期は、5～7月ごろです。

▲ 仏炎包が白くて、むらさき色の筋があるオオマムシグサ。

ムサシアブミ

サトイモ科の多年草で、海に近い山地の林の中などで見つかります。太い茎に、3まいの小葉*からなる大きな葉を2まいつけ、まん中に花が立ちあがります。花の時期は、3～5月ごろです。

▲ 仏炎包の先がまいて、ふくろのような形をしているムサシアブミ。

*のついていることばは、8～9ページを見てみましょう。

雑木林や低い山

全巻さくいん

	①春	②夏	③秋	④冬	⑤木
ア行					
アオキ					105
アオギリ					80
アオミズ		33			
アカツメクサ	43		27		
アカバナ		32			
アカマツ					113
アカメガシワ					69
アキノウナギツカミ			39		
アキノキリンソウ			49		
アキノタムラソウ		25			
アキノノゲシ			27		
アサザ		47			
アジサイ		70			
アズマイチゲ	63				
アゼナ		35			
アセビ					25
アブラガヤ			44		
アメリカセンダングサ			28		
アメリカフウロ	35		32		
アリタソウ			25		
アレチウリ		27			
アレチマツヨイグサ		37	50		
アンズ					30
イイギリ					95
イガオナモミ			24		
イカリソウ	61				
イシミカワ		11			
イタドリ		18			
イチョウ					98
イチリンソウ	58				
イヌキクイモ		15			
イヌゴマ		30			
イヌタデ			36		
イヌツゲ					83
イヌビユ		22			
イヌホオズキ		12			
イボクサ			35		
イボタノキ					77
イモカタバミ			23		
イロハモミジ					101
イワタバコ		40			
ウキクサ		46			
ウキヤガラ			44		
ウグイスカグラ					33
ウシハコベ	30				
ウスギモクセイ					86
ウツギ					72
ウツボグサ		58			
ウド		67			
ウバユリ			61		
ウマノスズクサ		63			
ウメ				28	
ウメモドキ				95	
ウラシマソウ	66				
ウラジロチチコグサ	21			30	
ウリカワ			41		
ウワミズザクラ					38
エイザンスミレ	41				
エゴノキ					66
エニシダ					43
エノキ					44
エノキグサ			25		
エノコログサ		22			
エビネ	61				
オオアレチノギク				36	
オオイヌタデ			36		
オオイヌノフグリ	11			21	
オオウバユリ		61			
オオオナモミ			24		
オオケタデ			31		
オオジシバリ	36			26	
オオシマザクラ					37
オオチドメ		13			
オオニシキソウ		19			
オオバコ		16			
オオバジャノヒゲ				58	
オオバベニガシワ					47
オオブタクサ			23		
オオマツヨイグサ			36	50	
オオムラサキ	67			60	
オオムラサキ					58
オカトラノオ		58			
オカメザサ					111
オギ				52	
オドリコソウ	39				
オニタビラコ	33			39	
オニドコロ			59	63	
オニノゲシ	29			35	
オニバス		50			
オヒシバ			15		
オヘビイチゴ	48			48	
オミナエシ			33		
オモダカ		31			
オモト				59	
オランダガラシ	47			49	
オランダミミナグサ	31			21	
カ行					
カイヅカイブキ					115
カエデドコロ			59		
ガガイモ		62			
カキ					92
カキツバタ	52				
カキドオシ	19			22	
ガクアジサイ					70
カジイチゴ					51
カズノコグサ	54				
カタクリ	59				
カタバミ		12		23	
カナムグラ			20		
ガマズミ					96
カヤツリグサ			43		
カラシナ				51	
カラスウリ		26		42	
カラスノエンドウ	42			29	
カラスビシャク	66				
カラスムギ	55				
カラタチ					55

	①春	②夏	③秋	④冬	⑤木
カラムシ			31		
カリガネソウ			49		
カリン					93
カルミア					54
カワヂシャ	50				
カワミドリ		41			
カワラナデシコ			33		
カワラヨモギ		35		51	
カンアオイ				57	
ガンクビソウ			57		
カンツバキ					87
カントウタンポポ	25		34		
カントウヨメナ			46		
カンヒザクラ					37
キカラスウリ		27			
キキョウ		33			
キクイモ		14			
キクザキイチゲ	63				
キクタニギク			47		
ギシギシ			47		
キショウブ	52				
キチジョウソウ			59		
キヅタ					107
キツネアザミ	45		48		
キツネノカミソリ		61	57		
キツネノマゴ		25			
キバナアキギリ		55			
キブシ					26
キュウリグサ	38		39		
キョウチクトウ					76
キランソウ	65				
キリ					53
キリシマ					59
キンミズヒキ		53	60		
キンモクセイ					86
キンラン	65				
ギンラン	65				
クコ					84
クサイチゴ					51
クサギ					81
クサネム		34			
クサノオウ	23				
クサヨシ		44			
クズ		32	42		
クスノキ					46
クチナシ					66
クヌギ					90
クマガイソウ	61				
クマザサ					111
クララ		65			
クリ					88
クレソン	47		49		
クロガネモチ					94
クロマツ					112
クワ					49
クワクサ		25			
ケイヌビエ		44			
ケキツネノボタン	51				
ゲッケイジュ					47
ケヤキ					44
ゲンゲ	49		45		
ゲンノショウコ			51 57		
コアジサイ					71

	①春	②夏	③秋	④冬	⑤木
コウゾ					49
ゴウソ	55				
コウゾリナ	32		37		
コウボウムギ		55			
コウヤボウキ					85
コウヤマキ					115
コウライテンナンショウ	67				
コオニタビラコ	46		49		
コセンダングサ			28		
古代ハス		49			
コデマリ					42
コナギ			41		
コナスビ	34				
コナラ					90
コニシキソウ		19			
コヒルガオ		11			
コブシ					27
コマツナギ		66			
コマツヨイグサ				50	
ゴヨウマツ					113
サ行					
サイカチ					81
サギソウ		40			
サクラタデ			37		
ザクロ					93
サザンカ					87
サツキ					59
サルスベリ					76
サワラ					115
サンカクイ		45			
サンゴジュ					75
サンシュユ					23
サンショウ					84
サンショウモ		46			
ジシバリ	36			26	
シダレヤナギ					24
シマスズメノヒエ		22			
シャガ	63				
ジャノヒゲ				58	
ジュウニヒトエ	58				
ジュズダマ		43	53		
シュロ					97
シュンラン	60				
ショウジョウバカマ	59				
ショウブ	53				
シラヤマギク		56			
シロザ		13			
シロツメクサ	43		27		
シロノセンダングサ			29		
ジンチョウゲ					25
スイカズラ					73
スイセン	14		55		
スイバ	50		47		
スイレン		47			
スカシユリ		52			
スギ					114
スギナ	16				
ススキ		32	41		
スズメノエンドウ	42				
スズメノカタビラ	12		24		
スズメノテッポウ	54				
スベリヒユ		20			
スミレ	41				

	①春	②夏	③秋	④冬	⑤木
スモモ					32
セイタカアワダチソウ			27	40	
セイヨウタンポポ	24			34	
セイヨウミザクラ					40
セキショウ	53				
セリ		29		45	
センダン					78
センリョウ					106
ソクズ		35			
ソテツ					97
ソメイヨシノ					36
タ行					
タイサンボク					63
タイトゴメ		53	55		
タウコギ			40		
タカサブロウ		34			
タカトウダイ		64			
タガラシ	51				
タケニグサ		24	40		
タコノアシ		32			
タチイヌノフグリ	12				
タチツボスミレ	40		28		
タネツケバナ	47		49		
タマアジサイ			71		
タマガヤツリ			43		
ダンドボロギク			30		
チガヤ	55				
チカラシバ			19		
チゴユリ	64				
チダケサシ		39			
チチコグサ	21		30		
チチコグサモドキ	21				
チャノキ					83
チョウジタデ			41		
チョウセンレンギョウ					43
ツクシ	16				
ツタ					68
ツボスミレ	41				
ツメクサ	35				
ツユクサ		13			
ツリフネソウ			42		
ツルナ		54	55		
ツルニンジン			56		
ツルボ			12		
ツルリンドウ			54		
ツワブキ			54		
テイカカズラ					68
テリハノイバラ					41
トウネズミモチ					107
トキワハゼ	37				
ドクゼリ	45				
ドクダミ		14			
トサミズキ					34
トチノキ					88
トベラ					67
ナ行					
ナギナタコウジュ			51		
ナシ					89
ナズナ	22		33		
ナツツバキ					69
ナツメ					77
ナワシロイチゴ					50
ナンテン					96

	①春	②夏	③秋	④冬	⑤木
ナンテンハギ		66			
ニガイチゴ					48
ニシキギ					85
ニセアカシア					61
ニリンソウ	60				
ニワウメ					31
ニワトコ					26
ヌスビトハギ			55		
ヌマガヤツリ			45		
ヌマトラノオ		39			
ネコハギ			25		
ネコヤナギ					24
ネジバナ		17		31	
ネズミモチ					107
ネナシカズラ		59			
ネムノキ					67
ノアザミ	57			60	
ノイバラ					41
ノウゼンカズラ					74
ノカンゾウ		23			
ノコンギク			46		
ノジスミレ	41				
ノハラアザミ			18		
ノビル				46	
ノブキ			52		
ノボロギク	18			28	
ノミノフスマ	46				
ハ行					
バイカモ		47			
ハエドクソウ		65			
ハギ			32		83
ハキダメギク		18			
ハクウンボク					75
ハクモクレン					27
ハグロソウ			57		
ハコベ	30				24
ハス		48			
ハッカ		30			
ハナズオウ					43
ハナタデ			37		
ハナミズキ					53
ハハコグサ	20		30		
ハマアザミ					54
ハマエノコロ		55			
ハマヒルガオ		52			
ハマボウフウ		53			
ハマボッス				54	
バラ					64
ハルジオン	27			38	
ハルノノゲシ	28			35	
ハンゲショウ		33			
ヒイラギ					86
ヒカゲイノコズチ			21		
ヒガンバナ			16	25	
ヒサカキ					84
ヒシ		44			
ヒツジグサ		47			
ヒトリシズカ	60				
ヒナタイノコズチ			21		
ヒノキ					114
ヒメオドリコソウ	19			22	
ヒメジョオン		15		38	
ヒメムカシヨモギ			13	36	

	①春	②夏	③秋	④冬	⑤木
ヒメリンゴ					40
ヒュウガミズキ					34
ビヨウヤナギ					63
ピラカンサ					97
ヒルガオ		11			
ヒルムシロ		45			
ビロードモウズイカ		38		51	
ビワ					93
フキ	17				
フクジュソウ	57				
フジ					60
フジカンゾウ			55		
フジバカマ			33		
ブタクサ			23		
ブタナ	26		37		
フモトスミレ	41				
フヨウ					78
プラタナス					57, 95
ヘクソカズラ		63			
ベニバナボロギク			30		
ヘビイチゴ	37		31		
ヘラオオバコ		16	32		
ホウチャクソウ	64				
ホオノキ					56
ホソアオゲイトウ		27			
ホソバヒメミソハギ		40			
ホタルイ		45			
ホタルブクロ		57			
ボタン					54
ボタンボウフウ		54			
ホテイアオイ		42			
ホトケノザ	13		29		
ホトトギス			50		
マ行					
マコモ		42			
マサキ					85
マダケ					111
ママコノシリヌグイ		11			
マメグンバイナズナ	23				
マユミ					46
マルバウツギ					72
マンサク					22
マンリョウ					106
ミカン					92
ミズオオバコ		45			
ミズキ					67
ミズタマソウ		67			
ミズヒキ		53			
ミゾカクシ		35			
ミゾコウジュ			48		
ミゾソバ			39		
ミソハギ		41			
ミツバウツギ					73
ミツバツツジ					59
ミツマタ					23
ミミガタテンナンショウ	67				
ミミナグサ	31				
ミヤマキケマン	62				
ムギクサ		55			
ムクゲ					79
ムクノキ					45
ムサシアブミ	67				
ムシトリナデシコ		38			
ムベ					33
ムラサキケマン	38		33		
ムラサキサギゴケ	48				
ムラサキシキブ					96
メダケ					111
メドハギ		22			
メナモミ			56		
メハジキ		19			
メヒシバ		15			
モウソウチク					110
モクレン					61
モチノキ					56, 94
モッコク					74
モミジイチゴ					48
モモ					31
ヤ行					
ヤエムグラ	34				
ヤクシソウ			52		
ヤツデ					87
ヤドリギ					108
ヤナギタデ			38		
ヤハズソウ		18			
ヤブガラシ		21			
ヤブカンゾウ		23		41	
ヤブコウジ					106
ヤブタバコ			57		
ヤブツバキ					21
ヤブマオ			31		
ヤブミョウガ		64			
ヤマアジサイ					71
ヤマザクラ					37
ヤマジノホトトギス			50		
ヤマシャクヤク	62				
ヤマツツジ					58
ヤマノイモ			58	62	
ヤマブキ					35
ヤマブキソウ	64				
ヤマボウシ					52
ヤマホトトギス			50		
ヤマモモ					80
ヤマユリ		60		61	
ユウガギク			46		
ユウスゲ		60			
ユキノシタ		41		46	
ユキモチソウ	67				
ユキヤナギ					42
ユズ					92
ユスラウメ					32
ユズリハ					105
ユリノキ					57
ヨウシュヤマゴボウ		24	26	43	
ヨシ			45	52	
ヨモギ	18		20	41	
ラ行					
ライラック					55
リュウノウギク			47		
リンゴ					89
リンドウ			54		
レンゲソウ	49			45	
ワ行					
ワルナスビ		20			
ワレモコウ			22		